朝天椒病虫害
安全使用农药技术图册

郭艳春　李胜利　李金玲　王吉庆　主编

U0294020

河南科学技术出版社
·郑州·

图书在版编目（CIP）数据

朝天椒病虫害安全使用农药技术图册 / 郭艳春等主编. —郑州：河南科学技术出版社，2021.8

ISBN 978-7-5725-0442-6

Ⅰ.①朝… Ⅱ.①郭… Ⅲ.①辣椒—病虫害防治—图集 ②辣椒—农药施用—安全技术—图集 Ⅳ.①S436.418-64

中国版本图书馆CIP数据核字（2021）第136860号

出版发行：河南科学技术出版社
　　　　　地址：郑州市郑东新区祥盛街27号　　邮编：450016
　　　　　电话：（0371）65737028　65788613
　　　　　网址：www.hnstp.cn
策划编辑：陈淑芹　编辑信箱：hnstpnys@126.com
责任编辑：陈淑芹
责任校对：张萌萌
封面设计：张德琛
责任印制：朱　飞
印　　刷：河南博雅彩印有限公司
经　　销：全国新华书店
开　　本：890 mm×1 240 mm　1/32　　印张：1.75　　字数：50千字
版　　次：2021年8月第1版　　2021年8月第1次印刷
定　　价：15.00元

本书编者名单

主　　编：郭艳春　　李胜利　　李金玲　　王吉庆

副 主 编：邵欣欣　　郑明燕　　张慎璞　　李小杰

　　　　　何红华　　尚晓良

编写人员：李　波　　刘　凯　　岳文英　　张　林

　　　　　邵秀丽　　王海波　　刘书刚　　韩培锋

　　　　　牛颖涛

制　　图：郭家齐

前　言

　　河南省生产朝天椒（俗称小辣椒）历史悠久，椒农种植经验丰富，是全国朝天椒优势产区之一。其主要分布在柘城、内黄、临颍、淅川、清丰、西华、扶沟、太康等县，其中临颍县、内黄县、柘城县等朝天椒种植面积均超过30万亩，年产干椒10万吨以上，朝天椒是很多县重要的农业支柱产业和实现农民脱贫增收的重要途径。但由于连作，近年来朝天椒病虫害有日渐加重的趋势，成为制约朝天椒产量和品质提升的主要因素。基于此，河南省大宗蔬菜产业技术体系朝天椒产业提质增效团队进行了一系列相关的试验研究，进行了示范展示，效果良好。根据实施的效果，特编写本书，旨在指导朝天椒种植户精准辨认病虫害、正确选购和科学使用农药，实现病虫害的绿色防控，支撑产业健康可持续发展。

　　由于作者水平有限，书中若有疏漏之处，恳请广大读者给予批评指正。

编　者

2021 年 1 月

目录

第一部分 朝天椒主要病虫害识别与防治 ……………1

　一、主要病害识别与防治 ……………………1

　二、主要害虫识别与防治 ………………… 12

第二部分 如何科学选用农药 ………………… 20

　一、如何正确选购农药 ………………… 20

　二、如何正确使用农药 ………………… 26

　三、正确做好施药防护 ………………… 28

　四、做好农药风险防控 …………………30

第三部分 违规用药的法律责任 ………………… 33

　一、如何正确维护购药者权益 ………………… 33

　二、违规用药的法律责任 ………………… 33

附录 1 朝天椒主要病虫害综合防治方案 ………… 35

附录 2 朝天椒病虫害防治登记用药名录 ………… 39

附录 3 禁用、限用农药名录（最新版）………… 47

一、主要病害识别与防治

1.猝倒病

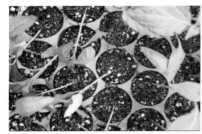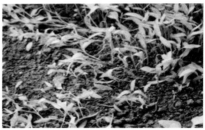

幼苗为害症状

发病症状　俗称"卡脖子"。幼苗出土前发病，造成烂种、烂芽，幼苗出土后真叶未展开之前发病，茎基部呈水渍状，病部随即变黄，缢缩凹陷，此病发展很快，往往叶子还未凋萎变色就迅速倒伏，故称猝倒病。在育苗时发病常造成严重损失，地面潮湿时，病部表面可生白色绵毛状霉层。

发病特点　由低等真菌腐霉属（*Pythium* sp.）病原菌引起，在幼苗第一片真叶出现前后最容易发病。通常在苗期及苗床持续低温高湿、光照弱或通风不良等情况下最易诱发本病。苗地多年连作或使用未经充分腐熟的土杂肥，往往发病较重。

防治方法 育苗前进行床土或基质消毒，杀灭病菌孢子。苗床加强通风排湿降温。发病时药剂防治见附录2。

2.立枯病

立枯病病株

发病症状 立枯病也叫"站着死"，一般多发于育苗中后期，发病初期幼苗茎基部产生椭圆形暗褐色病斑，幼苗白天萎蔫，早晚恢复正常，以后病斑逐渐凹陷扩大，绕茎一周，有的木质部暴露在外，造成病部收缩干枯，直至幼苗死亡。

发病特点 本病由高等真菌丝核菌属（*Rhizoctonia* sp.）病原菌引起，以菌丝和菌核在土壤或寄主病残体上越冬，在土壤中可存活多年，通过伤口或表皮直接侵入幼茎、根部，还可通过雨水、灌溉水、农具等传播。高温高湿利于病菌生长，忽高忽低的温度、湿度会加重病情，当幼苗生长过密、间苗不及时、老化衰弱、温度偏高、通风透光条件差时，易引发此病。

防治方法 育苗前床土消毒，加强苗床通风降湿保温，避免幼苗密度过大。发病时药剂防治见附录2。

3.早疫病

叶部为害　　　　　　　　　　叶部为害

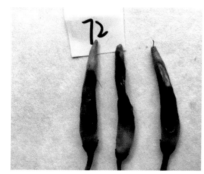

果实为害　　　　　　　　病菌平板照片

发病症状　可发生于植株各个部位，叶片发病初期病斑圆形呈暗褐色水渍状，干枯后呈白色至褐色，湿度大时叶片软腐易脱落。果实发病最为严重，而且下部比中上部更重，发病初期果实表面生水渍状圆斑，以后逐渐扩大，最后遍及整个果实病部，稍凹陷，呈黄褐色至暗褐色。高湿时，病部可产生茂密的白色绵絮状物，内部果肉变黑腐烂。

发病特点　本病由半知菌亚门真菌链格孢属（*Alternaria* spp.）病原菌引起，以菌丝或分生孢子在病残体或种子上越冬，通过气流、雨水进行多次重复侵染，从孔口或直接侵入致病。高温多雨易发病，连作地、低湿排水不良地、土质黏重地或偏施氮肥、种植过密等易发病。

防治方法 雨后及时排水，防止田间积水，适宜密度栽培。目前在辣椒上没有该病的登记用药，可参照番茄早疫病防治用药。

4.疫病

枝杈为害症状　　　　　　　　　果实为害症状

发病症状 幼苗期发病，茎基部呈水浸状软腐使幼苗倒伏。成株期根部受害后变成黑褐色，整株枯萎死亡，茎部多在分叉处发病，有的在茎基部发病，初期为暗绿色水浸状，后变成黑褐色、腐烂。叶片发病多发生在叶尖或者叶缘，产生近圆形大病斑，然后整叶软腐、枯死；果实发病，多从蒂部开始，然后扩大遍及整个果实、形成软腐，后期果实失水、形成僵果，残留在枝上。

发病特点 本病是由低等真菌疫霉属（*Phytophthora* spp.）病原菌引起的土传病害，可为害茎、叶、果实，整个生育期均可发生。适宜温度为25～30℃，空气相对湿度85%以上，一般5月中旬前后开始发病，6月至7月上旬为流行高峰期。高温高湿加重发病，大雨过后天气骤晴，病害发生重。

防治方法 雨后及时排水，防止田间积水。田间发现中心病株及时剪除并立即喷药防治。具体药剂防治见附录2。

5.炭疽病

发病症状 为害叶片、茎和果实，易出现花皮椒。叶片初感染时呈褪绿水渍状，病斑扩大后为褐色且不规则，继而中央呈灰白色，其上轮生黑色小点，易脱落。在果实表面也是初生水渍状病斑，后扩大成圆形或不规则形，凹陷，具有同心轮纹，呈灰色或灰褐色，斑上生出许多黑色小点，干燥后病果皱缩，病斑似牛皮纸状，易破裂，多雨时腐烂脱落。在茎与果柄上也会产生褐色病斑，稍微凹陷，形状不规则，干燥时容易裂开。

叶片感病症状

果实感病症状

　　发病特点　可由胶孢炭疽菌（*Colletotrichum gloeosporoides*）、黑点炭疽菌（*Colletotrichum capsici*)、尖孢炭疽菌（*Colletotrichum acutatum*）等病原菌引起，病菌的分生孢子可附于种子上越冬，也可以分生孢子或菌丝体在病残体上越冬，成为翌年的初侵染来源。种子可以远距离传播病菌，近距离传播主要是靠雨水或昆虫，炭疽病不能从表皮直接穿透侵入，一般都从寄主的伤口侵入，在高温连阴雨天气发病重，重施氮肥、密度过大、通风不良会加重炭疽病的发生与流行。

防治方法 增施磷肥、钾肥，提高植株抗病能力，避免栽植过密。夏季高温干旱适宜傍晚浇水，降低地温。雨季及时排水，防止地面积水，以保护根系。适时采收，发现病果及时摘除。药剂防治见附录2。

6.白粉病

叶片感病症状

发病症状 引起叶片干枯、早落，严重时全株落尽，此病一般在叶背面形成白粉状霉层，正面出现浅黄色斑。在气温适宜、相对湿度低的情况下发病重，且发病率高。

发病特点 本病是由子囊菌亚门真菌内丝白粉菌（*leveillula taurica*）病原菌引起的病害，病菌随病叶在地表越冬，主要靠气流传播，分生孢子形成和萌发的适宜温度是15~30℃，在稍干燥条件下易侵入和发病。

防治方法 药剂防治见附录2。

7.根腐病

发病症状 发病初期，植株叶片特别是顶部叶片出现白天凋萎、早晚恢复的现象；发病严重时，株形矮小、根系腐烂，最后植株枯死但叶片仍呈绿色。病株的根茎部及根部皮层呈淡褐色至深褐色湿腐状，极易剥离露出暗色的木质部，横切茎观察，可见病株维管束变褐色，后期湿度大时病部长出白色至粉红色霉层。

发病特点 本病由尖孢镰刀菌（*Fusarium oxysporum*）病原菌引起，病原菌在病残体上越冬，翌年产生分生孢子，借雨水或流水传播，从伤口侵入植株。在辣椒定植后始发，高湿条件下极易发生，早春和初夏阴雨连绵、高温高湿、昼暖夜凉的气候易发病。种植地低洼积水，田间郁闭高湿、使用未充分腐熟土杂肥会加重病情；连作地、低洼地、植株根部受伤的田块发病重。

防治方法 避免田间积水，药剂防治见附录2。

为害症状

8.软腐病

叶片感病症状　　　　　　　　　　　果实感病症状

发病症状 辣椒软腐病主要为害果实，多发生在青果上。果实上初期为黄白色水渍状云团形病斑，果实内部被腐蚀、软腐。天气干旱时形成白壳，只剩下一层果皮，重量很轻，没有商品价值。

发病特点 本病是一种细菌性病害，通过灌溉水或雨水飞溅使病菌从伤口侵入，田间低洼易涝，钻蛀性害虫多或连阴雨天气多、湿度大易流行。

防治方法 用30%DT杀菌剂300倍液或50%琥胶肥酸铜可湿性粉剂500倍液等防治。

9. 疮痂病

<table>
<tr><td style="text-align:center">叶片感病症状</td><td style="text-align:center">茎部为害</td></tr>
</table>

发病症状 为害幼苗、茎、叶和果实。幼苗染病，叶上发病初期为水渍状黄绿色小斑点，近圆形或不规则形，边缘隆起暗褐色，中间凹陷淡褐色，表面生粗糙的疮痂状病斑。茎上病斑为木栓隆起，呈纵裂条状疮痂。果上病斑初期隆起小黑点，后变为隆起的圆形或长圆形黑色疮痂状，潮湿时有菌脓溢出。

发病特点 本病由细菌黄单胞菌属（*Xanthomonas* spp.）引起，病菌附着在种子表面，或随病残体遗留在田间越冬，通过雨溅、刮风、昆虫等传播到叶、茎、果上，从切口或伤口侵入为害。由细菌侵染引起，多雨潮湿，高温多湿，或土壤通透不良，或偏施氮肥，植株生长势差等容易发病。

防治方法 药剂防治方法见附录2。

10.细菌性叶斑病

发病症状 本病是朝天椒普遍发生的一种细菌性病害，常引起早期大量落叶、落花、落果，影响产量。长期高温高湿条件下，叶片上的病斑迅速扩展为叶缘焦枯或在叶片上形成许多小斑点，之后引起叶片大量脱落。

发病特点 本病由细菌丁香假单胞菌（*Pseudomonas syringae* pv.）引起，病菌可在种子及病残体上越冬，在田间借风雨传播，从叶

叶部感病症状

片伤口处侵入，通常6月始发，7~8月高温多雨季节多发且蔓延快，9月后气温下降，发病减少或停止。重茬地、低洼地、生长差的田块发病重。

防治方法 药剂防治见附录2。

11.病毒病

蕨叶病毒病症状

花叶病毒病症状

条斑病毒病症状

果实感病症状

发病症状　主要表现为植株矮化，叶片花叶、黄化、畸形等症状，在整个生育期内均可能发病，高温干旱季节发病严重，而且有多种病毒复合侵染，症状较为复杂。有的表现为叶小、叶色淡，有的表现为黄绿相间的花斑，有的表现为皱缩扭曲上卷，矮化丛生，僵果等，病毒病一般不落叶。一般在5月中下旬开始发病，6月下旬至8月为发病高峰，9月气温下降，为害随之缓解。

发病特点　本病主要由烟草花叶病毒TMV、黄瓜花叶病毒CMV和马铃薯Y病毒PVY引起，病毒病可以经种子传染，在田间主要靠昆虫经由汁液接触传播侵染。通常高温干旱，蚜虫、蓟马、茶黄螨、白粉虱盛发时为害严重。

防治方法　及时、彻底消灭蚜虫、蓟马、白粉虱、茶黄螨等病毒媒介害虫，一旦发现这些虫害点片发生，就要及早进行药剂治疗。病毒病发病初期及时防治。具体用药见附录2。

12.日灼病

日灼病病果

发病症状　本病又叫日烧病，是一种生理性病害，主要是果实受害，果实向阳面被日晒后褪色变硬，呈淡黄色或灰白色皮革状，病部易被其他杂菌腐生，长出霉层或腐烂。

发病特点　本病主要因叶片遮阴面小，果实受强烈日光照射所致，通常土壤缺水，或天气过度干热，或雨后暴热，或植株密度过稀，或当朝天椒受病毒病、蚜虫或螨类为害时，皆可诱发日灼病。

防治方法 因地制宜引种耐热耐旱品种，实行南北向栽培，合理密植，合理整枝，使果面尽可能少受阳光直射，加强肥水管理，增强抗逆性。

13.根结线虫

根部为害症状

发病特点 根结线虫（*Meloidogyne*）是一种高度专化型的杂食性植物病原线虫。苗期、成株期均可发病，苗期发病地上部无明显症状，幼苗须根或侧根上产生灰白色根结，有的病苗主根略显肿大。成株染病，进入开花期，病株萎蔫，拔起萎蔫株可见根上产生大量大小不一的根结，造成断苗缺垄或成片死亡。

防治方法 在移栽前15天左右，可用棉隆或威百亩每亩4～6千克均匀撒施进行土壤处理；也可用噻唑膦、阿维菌素或克线丹，在移栽当天，每亩1～2千克，将药剂均匀撒于土壤表面，再用旋耕机或手工工具将药剂和土壤充分混合。

二、主要害虫识别与防治

1.蚜虫

为害特点 蚜虫是世界性害虫，种类很多，为害辣椒的主要是棉蚜，常群集于叶片、嫩茎、花蕾、顶芽等部位刺吸汁液，使叶片皱缩卷曲畸形，严重时引起枝叶枯萎，甚至整株死亡，蚜虫分泌的蜜露还会诱发煤污病、病毒病，并招来蚂蚁为害。

发生规律 蚜虫是繁殖最快的昆虫，俗称腻虫或蜜虫等，隶属于半翅目（原为同翅目Hemiptera），包括球蚜总科（Adelgoidea）和蚜总科（Aphidoidea）。蚜虫发生的最适温度为14~16℃，一般以春、秋季为害较重。翌年春季越冬寄主发芽后，越冬卵孵化为干母，孤雌生殖2~3代后，产生有翅胎生雌蚜，4~5月迁飞为害。随后繁殖，5~6月进入为害高峰期，6月下旬后蚜量减少，但干旱年份为害期多延长。10月中下旬产生有翅的性母蚜，迁回越冬寄主，温暖地区全年可以孤雌胎生繁殖。在辣椒叶背或嫩梢嫩叶上为害。

防治方法 药剂防治见附录2。

2.蓟马

为害特点 蓟马以成虫和若虫锉吸植物幼嫩组织（枝梢、叶片、花、果实等）汁液，被害的嫩叶、嫩梢变硬卷曲枯萎，叶面形成密集小白点或长形条斑，植株生长缓慢，节间缩短，嫩果被害后会硬化，严重时造成落果，影响产量和品质。

发生规律 蓟马为昆虫纲缨翅目（Thysanoptera）的统称。幼虫呈白色、黄色或橘色，成虫黄色、棕色或黑色；取食植物汁液或真菌。一年繁殖17～20代，多以成虫潜伏在土块、土缝下或枯枝落叶间越冬，少数以若虫或拟蛹在表土越冬。成虫具有向上、喜嫩绿的习性，且特别活跃，能飞善跳，但畏强光，白天多隐蔽在叶背或生长点，傍晚活动很强。在25～30℃温度范围内，土壤含水量在8%～18%时，最有利于其生长发育，骤然降温会引起大量死亡。

防治方法 早春清除田间杂草和枯枝残叶，集中烧毁或深埋，消灭越冬成虫和若虫。加强肥水管理，促使植株生长健壮，减轻为害。根据蓟马昼伏夜出的特性，建议在下午用药，如果是花蓟马，一定要在早上9时前施药，因为早上花是张开的，喷药的时候用喷雾器朝着花张开的方向进行。药剂防治见附录2。

3.红蜘蛛

为害特点 主要为害朝天椒的叶、茎、花、果实，使受害部位水分减少，表现失绿变白，叶表面呈现密集苍白的小斑点，叶面变为灰白色，有卷曲发黄等现象，植株生长减慢、长势弱、挂果少、果实小、品质差。

发生规律 红蜘蛛（*Tetranychus cinnbarinus*），俗称大蜘蛛、大龙、砂龙等，学名叶螨，我国的种类以朱砂叶螨为主，属蛛形纲、蜱螨目、叶螨科。分布广泛，食性杂，可为害110多种植物。红蜘蛛成虫虫体很小，体色多为红色或锈红色。幼虫更小，近圆形，色泽透明，取食后体色变暗绿。幼虫蜕皮后为若虫，体椭圆形。红蜘蛛一年发生15～20代，在干旱、高温年份容易大发生，一般在25℃以上才发生。通常是从植株中部开始为害。

防治方法 药剂防治见附录2。

4.茶黄螨

为害特点　茶黄螨主要以成螨和幼螨集中在辣椒的幼嫩部位（幼芽、嫩叶、花、幼果）吸食汁液。辣椒被害叶片增厚僵直，变小或变窄，叶背呈黄褐色或灰褐色，带油渍状光泽，叶缘向背面卷曲。辣椒幼茎被害变黄褐色，扭曲成轮枝状，类似病毒病。花蕾受害畸形，重者不能开花坐果。辣椒果实受到茶黄螨为害后，果柄、萼片或果皮变成黄褐色，失去光泽，果面形成木栓化网纹，甚至果实开裂。受害严重的辣椒植株矮小丛生，形成秃尖，果实不能长大，凹凸不光滑，肉质发硬。

发生规律　茶黄螨，*Polyphagotarsonemus latus*（Banks），属蛛形纲蜱螨目跗线螨科茶黄螨属的一种昆虫。茶黄螨繁殖的最适温度为16～23℃，空气相对湿度为80%～90%，温暖多湿的生态环境有利于茶黄螨生长发育。从5月初到8月份均可为害。温暖高湿有利于茶黄螨的生长与发育。单雌产卵量为百余粒，卵多散产于嫩叶背面和果实的凹陷处，卵长约0.1毫米，椭圆形，灰白色、半透明，卵面有6排纵向排列的泡状突起，底面平整光滑。成螨活动能力强，雌成螨长约0.21毫米，体躯阔卵形，体分节不明显，淡黄至黄绿色，半透明有光泽，靠爬迁或自然力扩散蔓延。大雨对其有冲刷作用。

防治方法　消灭越冬虫源，铲除田边杂草，清除残株败叶，培育无虫壮苗，定植前喷药灭螨。药剂防治见附录2。

5.白粉虱

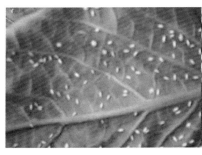

为害特点　成虫和若虫吸食植物汁液，被害叶片褪绿、变黄、萎蔫，甚至全株枯死。繁殖速度快，种群数量庞大，并分泌大量蜜液，

严重污染叶片和果实，引起煤污病的大发生，使果实失去商品价值。

发生规律 白粉虱，*Trialeurodes vaporariorum*（Westwood），又名小白蛾子，属同翅目粉虱科。白粉虱成虫对黄色有强烈趋性，但忌白色、银白色，不善于飞翔。在田间先一点一点发生，然后逐渐扩散蔓延。田间虫口密度分布不均匀，成虫喜群集于植株上部嫩叶背面并在嫩叶上产卵，极不易脱落。

防治方法 药剂防治见附录2。

6.棉铃虫

棉铃虫幼虫　　　　　棉铃虫成虫　　　　　棉铃虫虫蛹

为害特点 以幼虫蛀食蕾、花、果为主，也为害嫩茎、叶和芽。花蕾受害时苞叶张开变成黄绿色，2~3天后脱落。幼果常被吃空或引起腐烂而脱落。成果虽然只被蛀食部分果肉，但因蛀孔在蒂部，易于雨水、病菌流入而引起腐烂，所以果实大量被蛀会严重减产。

发生规律 棉铃虫，*Helicoverpa armigera*（Hubner），鳞翅目夜蛾科，是喜温喜湿性害虫。初夏气温稳定在20℃和5厘米地温稳定在23℃以上时，越冬蛹开始羽化。成虫产卵适温23℃以上，20℃以下很少产卵。幼虫发育以25~28℃和相对湿度75%~90%最为适宜。

防治方法 冬前翻耕土地，浇水淹地，减少越冬虫源。根据虫情测报，在棉铃虫产卵盛期，结合整枝，摘除虫卵烧毁。用黑光灯、杨柳枝诱杀成虫。药剂防治见附录2。

7.烟青虫

烟青虫为害

烟青虫成虫

为害特点 以幼虫蛀食花蕾、果实为主，也为害茎、叶和芽。果实被蛀引起腐烂而大量落果，是造成减产的主要原因。

发生规律 烟青虫（*Heliothis assulta*）俗名青虫，又名烟草夜蛾，属鳞翅目夜蛾科。成虫白天多隐蔽在作物叶背或杂草丛中，夜晚或阴天活动。成虫产卵期4~6天，多在晚上9时至次日早上10时前，以晚上11时最盛。前期产卵在寄主作物上部叶片正反面的叶脉处，后期多产在果、萼片或花瓣上，一般每处产1粒卵，偶有3~4粒在一起。每头雌虫可产卵千粒以上。幼虫期一般12~50天。老熟幼虫不食不动，经过1~2天后入土作茧化蛹，入土深度一般为3~5厘米。

防治方法 由于烟青虫属钻蛀性害虫，所以必须抓住卵期及低龄幼虫期(尚未蛀入果实中)施药，最好使用杀虫兼杀卵的药剂。药剂防治见附录2。

8.蛴螬

蛴螬幼虫

蛴螬成虫

为害特点　在地下啃食萌发的种子，咬断幼苗根茎，致使全株死亡，严重时造成缺苗。

发生规律　蛴螬（Grub）是金龟子或金龟甲的幼虫，俗称土蚕。蛴螬幼虫和成虫在土中越冬，成虫即金龟子，白天藏在土中，晚上8～9时进行取食等活动。蛴螬有假死和负趋光性，并对未腐熟的粪肥有趋性。发生与土壤温度、湿度关系密切。当10厘米土温达5℃时开始上升土表，13～18℃时活动最盛，23℃以上则往深土中移动，至秋季土温下降到其活动适宜范围时，再移向土壤上层。成虫交配后10～15天产卵，产在松软湿润的土壤内，以水浇地最多，每头雌虫可产卵100粒左右。

防治方法　用50%辛硫磷乳油每亩200～250克，加水10倍喷于25～30千克细土上拌匀制成毒土，顺垄条施，随即浅锄，或将该毒土撒于种植沟或地面，随即耕翻。

9.地老虎

地老虎幼虫

地老虎成虫

为害特点　主要以幼虫为害近地面的茎部，有假死习性，对光线极为敏感，白天潜伏于表土的干湿层之间，夜晚出土从地面将幼苗植株咬断拖入土穴或咬食未出土的种子，幼苗主茎硬化后改食嫩叶和叶片及生长点。

发生规律　地老虎（Cutworm）属昆虫纲，鳞翅目(Lepidoptera)，夜蛾科(Noctuidae)，地老虎成虫产卵和幼虫生活最适宜的气温为14～26℃，相对湿度为80%～90%，土壤含水量为15%～20%，当气温在

27℃以上时发生量即开始下降。前一年被水淹过的地方发生量大，为害更严重。

防治方法 地老虎1～3龄幼虫期抗药性差，是药剂防治的最佳时期，可用2.5%溴氰菊酯或20%戊氰菊酯3 000倍液或50%辛硫磷800倍液喷雾防治。

第二部分	如何科学选用农药

一、如何正确选购农药

农药在农业生产中起着重要的作用，是病虫害防治的重要手段，在实际选购和使用中应根据病虫害种类选择合适的农药品种。

选用农药图片

1.选择高效低毒农药品种

选择高效低毒农药品种不仅能有效防治病虫害，而且一般不会对人畜产生毒害，既保证了农产品质量安全，又不会破坏生态平衡。

高效低毒农药品种杀死害虫

农产品物美质优"合格"

生态环境平衡

2.准确诊断病虫害对症下药

农药使用前必须准确诊断病虫害种类，选购合适对症的已在该作物登记的农药品种，并查看标签上是否标注可防治该作物病虫害。难以诊断的，建议咨询当地植保部门或技术专家甄别后再进行防治。

根结线虫　　　　　　炭疽病　　　　　　病毒病

朝天椒病虫害诊断根结线虫、炭疽病、病毒病。

查看农药标签

3.注意购买渠道

购买农药要在已取得农药经营许可证的经营门店购买，也可以联系生产厂家，直接从农药生产企业购买其生产的农药。购买后妥善保存购药凭证。

同一种农药不同价格

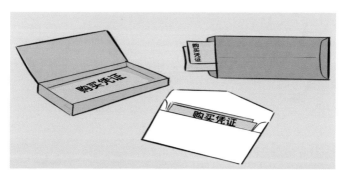

妥善保存，有问题提供购药清单

4.简单识别农药真伪

查看产品包装是否完好，产品包装物表面是否印制或贴有标签，有无生产日期以及有无过期，有无产品质量检验合格证，标签上有无二维码。

农药产品登记信息不全

农药包装袋信息

5.验证农药的真实性

手机扫描农药标签二维码，查看扫出的信息与产品是否一致。也可以根据标签标注的农药登记证号，在中国农药信息网上查询该产品信息，或手机微信关注"微语农药"公众号，查询农药登记证号、农药名称等信息与产品标签是否一致。

中国农药信息网查询步骤

包装袋二维码

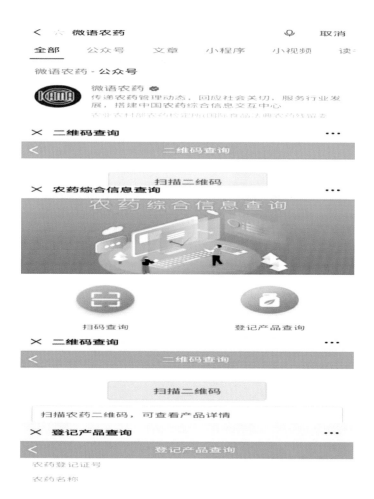

微语农药查询步骤

二、如何正确使用农药

1.选择合适药械和方法

在使用农药时，应根据不同种类农药的具体特点采用合适的使用方法、技术、药械等，提高农药利用率，保障防效，降低环境污染。

不同的施药器械   颗粒剂、液体、粘虫板

"药到虫死"防效

2.按照标签技术要求合理使用农药

按照标签要求，精准配比，并严格遵照安全间隔期用药，避免过量、多次施药。

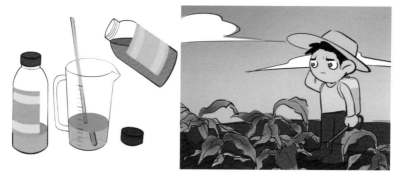

精准配比　　　　　　　　　　　施药太多造成药害

安全间隔期施药

三、正确做好施药防护

1.正确做好安全防护

（1）施药装备的选择。施药前，应根据不同种类农药剂型和施药方式采取不同防护器具，尽量减少施药者的暴露面积，做好安全防护。

防护装备　　　　　　　气体制剂防毒面罩，液体、颗粒剂胶皮
　　　　　　　　　　　　　手套和防尘口罩

（2）施药过程中的安全防护。施药过程中除了要做好防护外，还应远离儿童、孕妇。

儿童、孕妇，健康身体、专业装备

（3）施药后的安全防护。施药者在用药后应尽快做好清洗工作，充分保护施药者安全。

施药后认真洗手和脸

2.做好农药储存

购买的农药尽量不要存放在家中，应存放在远离儿童、动物、水源、火源和居住地的避光通风的仓库或者储物间。并妥善处理剩余农药。

远离火源、儿童、水源、动物等

四、做好农药风险防控

1.妥善处置农药废弃物，保护环境

不要在水源地、河流等水域清洗施药器械，不随意丢弃农药包装袋（瓶）等废弃物，保护好生态环境。

农药瓶回收屋、农药包装回收垃圾箱

禁止在水源地、河流等水域清洗施药器械

2.中毒急救

（1）农作物药害急救。施药后及时观察作物生长情况，如发生药害，请及时咨询当地植保部门或技术专家进行补救。

植物专家诊断

（2）施药者中毒急救。如不慎接触到农药或发生误服、误吸等情况，要及时采取措施。必要时携带好产品标签和农药安全数据单及时就医。

皮肤不慎接触，皂液清洗

不慎溅入眼中，清水清洗 10 分钟

不慎溅入口中，立即清水漱口

农药中毒，立即进医院急救

第三部分　违规用药的法律责任

一、如何正确维护购药者权益

依据《中华人民共和国农药管理条例》（以下简称《农药管理条例》）第六十四条规定，如果不慎购买到假劣农药或者所购农药对农作物造成药害，可直接与供货方协商解决赔偿问题。也可向所在地农业农村主管部门报告，由其查清事实，进行调解，违法违规的依法依规处理。

二、违规用药的法律责任

农药使用直接关系着农产品质量安全。依据《农药管理条例》，违规用药将承担法律责任。

1.违规用药，必须处罚

农产品生产企业、食品和食用农产品仓储企业、专业化病虫害防治服务组织和从事农产品生产的农民专业合作社等单位，使用农药有以下情况，将处5万元以上10万元以下罚款；对农药使用者为个人的，处1万元以下罚款。

（1）不按照农药标签标注的使用范围、使用方法和剂量、使用技术要求和注意事项、安全间隔期使用农药。

（2）使用禁用农药。

（3）将剧毒、高毒农药用于蔬菜、瓜果、茶叶、菌类、中草药生产或者用于水生植物的病虫害防治。

（4）在饮用水水源保护区内使用农药。

（5）使用农药毒鱼、虾、鸟、兽等。

（6）在饮用水水源保护区、河道内丢弃农药、农药包装物或者清洗施药器械。

2.建立施药记录

农产品生产企业、食品和食用农产品仓储企业、专业化病虫害防治服务组织和从事农产品生产的农民专业合作社等，使用农药不进行记录的，农业主管部门责令改正；拒不改正或者情节严重的，处2千至2万元罚款。

3.事态严重，赔钱坐牢

（1）造成人畜中毒、大面积环境污染或对生产造成较大或重大损失的，判3年以下有期徒刑或拘役；后果特别严重的，判3~7年有期徒刑。

（2）生产、销售农药残留超标的农产品，足以造成严重食物中毒事故的，判3年以下有期徒刑或拘役，并处罚金；对人体健康造成严重危害或者有其他严重情节的，判7年以上有期徒刑或者无期徒刑，并处罚金或者没收财产。

（3）在生产、销售的食品中掺入有毒、有害的农药，或者销售明知掺有有毒、有害的农药的，判5年以下有期徒刑或拘役，并处罚金；对人体健康造成严重危害或者有其他严重情节的，判5~10年以上有期徒刑或者无期徒刑，并处罚金；致人死亡或者有其他特别严重情节的，判10年以上有期徒刑、无期徒刑或者死刑，并处罚金或者没收财产。

附录 1　朝天椒主要病虫害综合防治方案

一、苗期病虫害综合防治方案

（一）做好消毒

1.设施及苗床消毒

每亩温室，1.65千克高锰酸钾+1.65千克甲醛+8.4千克开水，产生烟雾反应，封闭48小时消毒，气味散尽即可使用。

2.穴盘消毒

40%福尔马林100倍液浸泡苗盘15 ~ 20分钟，覆膜密闭7天后揭开，用清水冲洗干净。

3.种子消毒处理

（1）药剂浸种。可用30%霜霉·噁霉灵300 ~ 400倍液浸泡种子20 ~ 30分钟，取出沥干水，不粘手即可播种；或高锰酸钾1 000倍液浸种，取出用清水洗净，阴干后播种；或用10%的磷酸三钠浸泡30分钟，防治病毒病。

（2）温汤浸种。将种子用干净的纱布包好，置于55℃水中，搅动15分钟，然后再用室温的水浸泡6 ~ 8小时。

（3）种子包衣。种衣剂中包含有防治土传病害和蚜虫等有害生物的药剂。现在部分商品种子在出厂前已经包衣，不需要再进行消毒处理，可以直接催芽。

4.基质消毒

在粉碎压缩包草炭基质时，在穴盘填充基质时要避免二次污染。注意基质的卫生清洁可预防猝倒、茎基腐、根腐等病害的发生。使用600～1 000克/立方米的1%丙环·嘧菌酯颗粒剂或多福合剂，拌匀后用薄膜覆盖24小时后待用。

（二）综合措施

1.苗场温室外部环境的整理

（1）温室周边清洁干净，没有杂草、植物；没有裸露的泥土地面，采用园艺地布或者碎石覆盖。

（2）所有与外界的通路（门窗、湿帘、风机），都安装60目以上的防虫网。

2.温室定期清洁

每周温室内墙面、地面、苗床下喷洒巴氏消毒液或高锰酸钾溶液，湿度太大的地面撒石灰粉。如不处理很容易滋生藻类，进而滋生真菌和蚊蝇，它们的幼虫会在草炭基质中啃食种苗根系，尤其在冬季育苗时为害最大。保持温室内的清洁卫生，每天清理废弃基质、植物垃圾和积水，避免在温室中过夜。

3.张挂诱虫板

在风口及苗床上悬挂黄色及蓝色粘虫板。

4.加强管理

春季育苗期一般为80～90天，白天温度保持在30～32℃，夜间温度保持在18～20℃。出苗后为防止徒长，要适当放风，白天温度保持在25～28℃，夜间温度保持在16～18℃。播种时浇透水，之后到二叶一心前，一般不用浇水，在四叶一心后，在晴天上午视苗情浇水。

（三）药剂防治

育苗期易发生猝倒病、立枯病、病毒病等病害，喷施氨基寡糖素等药剂预防病毒病；使用烯酰吗啉等药剂预防疫病；使用精甲·噁霉灵、吡唑醚菌酯等药剂苗床喷雾防治猝倒病、立枯病。易发生蚜虫、白粉虱、茶黄螨和蓟马等害虫，特别注意观察新叶，及早发现害虫，根据害虫发生情况进行药剂防治。定植前半个月要控水降温进行炼苗，白天温度控制在20～23℃，夜间温度控制在10～12℃，使秧苗能够更好地适应定植后的环境条件。定植宜选择在无风晴天下午进行。

二、大田生长期病虫害综合防治方案

1.定植用药

该时期易发生猝倒病、立枯病、地老虎、蛴螬等病虫害。定植前，采用广谱性杀虫杀菌剂进行根部消毒，减少移栽后死苗、烂根及蚜虫等病虫害发生，并每亩使用2千克吡虫啉颗粒剂和哈茨木霉菌有机菌肥2千克混施。

2.定植后

定植后5～7天，浇缓苗水促进缓苗。封垄前一般每5～7天浇一次水，封垄以后视墒情浇水。浇水在早晨或傍晚进行，大雨前不浇水。雨季及时排水。缓苗后每亩追施尿素15～20千克，促进植株营养生长。

监测蚜虫、粉虱等害虫。该时期易发生病毒病、早疫病、白粉病、蚜虫、蓟马、粉虱、茶黄螨等病虫害。可连续喷施氨基寡糖素等药剂预防病毒病；可使用嘧菌酯等药剂防治疫病；使用咪鲜胺等药剂防治白粉病；使用苯甲·吡唑酯等药剂防治炭疽病；使用溴氰虫酰胺等药剂防治蚜虫、蓟马、粉虱；使用联苯肼酯等药剂防治茶黄螨。

3.始花期

当植株主茎顶端现花蕾时，将顶部分枝和花蕾摘除，以增加有效侧枝数，摘心后进行第二次追肥，每亩追施复合肥20～25千克，促进有效侧枝分生，及早封垄。初花期进行第三次追肥，每亩追施复合肥20～25千克，以提高坐果率。

该时期易发生早疫病、炭疽病、白粉病、蚜虫、棉铃虫等病虫害。可使用苯甲·氟酰胺等药剂防治白粉病；使用肟菌·戊唑醇等药剂防治炭疽病、早疫病；使用双丙环虫酯等药剂防治粉虱；使用氯虫苯甲酰胺等药剂防治棉铃虫；可选用苦参碱等药剂叶面喷雾防治蚜虫。

4.幼果期

该时期易发生炭疽病、细菌性叶斑病、枯萎病、烟青虫、白粉虱等病虫害。有效预防病虫害，生理落果少，坐果多，膨果快，产量高。使用氟菌·肟菌酯等药剂防治炭疽病；使用噻唑锌等药剂防治细菌性叶斑病；使用枯草芽孢杆菌等药剂防治枯萎病；使用棉铃虫核型多角体病毒等药剂防治烟青虫；使用联苯·噻虫嗪等药剂防治白粉虱。

5.转色期

这个生长阶段进行补钙，可促进辣椒转色快，产量高，品质好，同时病虫害得到有效预防。

该时期易发生脐腐病、软腐病、炭疽病、晚疫病、灰霉病等病害。使用木霉菌等药剂预防脐腐病、软腐病；使用肟菌酯等药剂防治炭疽病；使用烯酰·代森联等药剂防治晚疫病；使用咪鲜胺锰盐等药剂防治灰霉病。

三、病虫害防治用药一览表

朝天椒全生育期病虫害防治用药技术见附录2"朝天椒病虫害防治登记用药名录"，施药剂量以产品标签和说明书为准。

附录 2　朝天椒病虫害防治登记用药名录

防治对象	产品名称	使用剂量	使用方法
猝倒病	30%精甲·噁霉灵可溶液剂	30～45毫升/亩	苗床喷雾
	30%霜霉·噁霉灵水剂	300～400倍液	浸种
立枯病	0.1%吡唑醚菌酯颗粒剂	35～50克/平方米	苗床撒施
	3%井冈霉素水剂	3～5毫升/平方米	泼浇
	5%井冈霉素水剂	2～3毫升/平方米	泼浇
	1%丙环·嘧菌酯颗粒剂	600～1 000克/立方米	基质拌药
	24%井冈霉素水剂	0.4～0.6毫升/平方米	泼浇
	15%噁霉灵水剂	5～7克/平方米	泼浇
	50%异菌脲可湿性粉剂	2～4克/平方米	泼浇
	30%噁霉灵水剂	2.5～3.5毫升/平方米	泼浇
	2.4%井冈霉素水剂	4～6毫升/平方米	泼浇
	30%多·福可湿性粉剂	10～15克/亩	撒施
	8%噁霉灵水剂	9.3～13.1克/平方米	泼浇
根腐病	40%多·福可湿性粉剂	11～13克/平方米	拌土撒施
	20%二氯异氰尿酸钠可溶粉剂	300～400倍液	灌根
茎基腐病	2亿孢子/克木霉菌可湿性粉剂	4～6克/平方米	灌根
疫病	0.5%小檗碱水剂	200～250毫升/亩	喷雾

防治对象	产品名称	使用剂量	使用方法
疫病	500克/升氟啶胺悬浮剂	25～33毫升/亩	喷雾
	23.4%双炔酰菌胺悬浮剂	30～40毫升/亩	喷雾
	80%烯酰吗啉水分散粒剂	20～25毫升/亩	喷雾
	50%烯酰吗啉水分散粒剂	43～53毫升/亩	喷雾
	25%甲霜·霜脲氰可湿性粉剂	400～600倍液	灌根
	80%代森锰锌可湿性粉剂	150～210克/亩	喷雾
	47%烯酰·唑嘧菌悬浮剂	60～80毫升/亩	喷雾
	23.4%双炔酰菌胺悬浮剂	20～40毫升/亩	喷雾
	50%代森锰锌可湿性粉剂	240～336克/亩	喷雾
	250克/升嘧菌酯悬浮剂	40～72毫升/亩	喷雾
	500克/升氟啶胺悬浮剂	25～33毫升/亩	喷雾
	52.5%噁酮·霜脲氰水分散粒剂	35～45克/亩	喷雾
	440克/升精甲·百菌清悬浮剂	98～120毫升/亩	喷雾
	75%代森锰锌可湿性粉剂	160～224克/亩	喷雾
	75%甲硫·锰锌可湿性粉剂	1 800～3 000倍液	喷雾
	25%甲霜·霜霉威可湿性粉剂	0.24～0.4克/株	灌根
	5亿CFU/毫升侧孢短芽孢杆菌A60悬浮剂	50～60毫升/亩	喷雾
	37.5%氢氧化铜悬浮剂	36～52毫升/亩	喷雾
	70%乙铝·锰锌可湿性粉剂	75～100克/亩	喷雾
	72%霜脲·锰锌可湿性粉剂	100～167克/亩	喷淋
	31%噁酮·氟噻唑悬浮剂	33～44毫升/亩	喷雾
	50%唑醚·喹啉铜水分散粒剂	18～24克/亩	喷雾

续表

防治对象	产品名称	使用剂量	使用方法
疫病	1%申嗪霉素悬浮剂	50～120毫升/亩	喷雾
	25%甲霜·霜脲氰水分散粒剂	400～600倍液	灌根
	20%丁吡吗啉悬浮剂	125～150毫升/亩	喷雾
	9%烯酰·代森联水分散粒剂	180～200克/亩	喷雾
	77%氢氧化铜水分散粒剂	15～25克/亩	喷雾
	70%丙森锌可湿性粉剂	150～200克/亩	喷雾
	687.5克/升氟菌·霜霉威悬浮剂	60～75毫升/亩	喷雾
	10%氟噻唑吡乙酮可分散油悬浮剂	13～20毫升/亩	喷雾
枯萎病	1 000亿个/克枯草芽孢杆菌	200～300克/亩	灌根
	10亿个/克枯草芽孢杆菌可湿性粉剂	200～300克/亩	灌根
	100亿个/克枯草芽孢杆菌可湿性粉剂	200～250克/亩	灌根
灰霉病	50%咪鲜胺锰盐可湿性粉剂	30～40克/亩	喷雾
白粉病	12%苯甲·氟酰胺悬浮剂	40～67毫升/亩	喷雾
	25%咪鲜胺乳油	50～62克/亩	喷雾
炭疽病	75%肟菌·戊唑醇水分散粒剂	10～15克/亩	喷雾
	43%氟菌·肟菌酯悬浮剂	20～30毫升/亩	喷雾
	560克/升嘧菌·百菌清悬浮剂	80～120毫升/亩	喷雾
	40%百菌清悬浮剂	100～140毫升/亩	喷雾
	10%苯醚甲环唑水分散粒剂	65～100毫升/亩	喷雾
	63%百菌清·多抗霉素可湿性粉剂	80～100克/亩	喷雾
	325克/升苯甲·嘧菌酯悬浮剂	20～50毫升/亩	喷雾
	66%二氰蒽醌水分散粒剂	20～30克/亩	喷雾

续表

防治对象	产品名称	使用剂量	使用方法
炭疽病	20%噁霉·乙蒜素可湿性粉剂	60~75克/亩	喷雾
	42%三氯异氰尿酸可湿性粉剂	60~80克/亩	喷雾
	1.5%苦参·蛇床素水剂	30~35毫升/亩	喷雾
	70%福·甲·硫黄可湿性粉剂	1 050~1 350倍液	喷雾
	50%福·甲·硫黄可湿性粉剂	150克/亩	喷雾
	500克/升嘧菌·百菌清悬浮剂	80~120毫升/亩	喷雾
	80%代森锰锌可湿性粉剂	150~210克/亩	喷雾
	30%琥胶肥酸铜可湿性粉剂	65~93克/亩	喷雾
	30%苯甲·嘧菌酯悬浮剂	30~50毫升/亩	喷雾
	22.7%二氰蒽醌悬浮剂	63~83毫升/亩	喷雾
	50%代森锰锌可湿性粉剂	240~336克/亩	喷雾
	250克/升嘧菌酯悬浮剂	33~48毫升/亩	喷雾
	500克/升氟啶胺悬浮剂	30~35毫升/亩	喷雾
	75%戊唑·嘧菌酯水分散粒剂	10~15克/亩	喷雾
	75%代森锰锌可湿性粉剂	160~224克/亩	喷雾
	42%三氯异氰尿酸可湿性粉剂	83~125克/亩	喷雾
	70%福·甲·硫黄可湿性粉剂	50~90克/亩	喷雾
	20%锰锌·拌种灵可湿性粉剂	100~150克/亩	喷雾
	45%咪鲜胺乳油	15~30克/亩	喷雾
	30%苯甲·吡唑酯悬浮剂	20~25毫升/亩	喷雾
	80%波尔多液可湿性粉剂	300~500倍液	喷雾

续表

防治对象	产品名称	使用剂量	使用方法
炭疽病	30%唑醚·戊唑醇悬浮剂	60~70毫升/亩	喷雾
	16%二氰·吡唑酯悬浮剂	90~120毫升/亩	喷雾
	22.5%啶氧菌酯悬浮剂	28~33毫升/亩	喷雾
	50%克菌丹可湿性粉剂	125~188克/亩	喷雾
	86%波尔多液水分散粒剂	375~625倍液	喷雾
	50%春雷·多菌灵可湿性粉剂	75~94克/亩	喷雾
	30%肟菌酯悬浮剂	25~37.5毫升/亩	喷雾
病毒病	30%混脂·络氨铜水乳剂	40~50毫升/亩	喷雾
	20%吗胍·乙酸铜可湿性粉剂	120~150毫升/亩	喷雾
	1.2%辛菌胺醋酸盐水剂	200~300毫升/亩	喷雾
	13.7%苦参·硫黄水剂	130~200毫升/亩	喷雾
	24%混脂·硫酸铜水乳剂	78~117毫升/亩	喷雾
	1.8%辛菌胺醋酸盐水剂	400~600倍液	喷雾
	6%烯·羟·硫酸铜可湿性粉剂	20~40克/亩	喷雾
	20%吗胍·硫酸铜水剂	60~100毫升/亩	喷雾
	20%吗胍·硫酸铜可湿性粉剂	120~180毫升/亩	喷雾
	2.8%烷醇·硫酸铜悬浮剂	82~125毫升/亩	喷雾
	8%宁南霉素水剂	75~104毫升/亩	喷雾
	50%氯溴异氰尿酸可溶粉剂	60~70克/亩	喷雾
	0.5%香菇多糖水剂	200~300毫升/亩	喷雾
	5%氨基寡糖素水剂	35~50毫升/亩	喷雾

防治对象	产品名称	使用剂量	使用方法
病毒病	2亿CFU/毫升沼泽红假单胞菌PSB-S悬浮剂	180~240毫升/亩	喷雾
	0.06%甾烯醇微乳剂	30~60毫升/亩	喷雾
细菌性叶斑病	20%噻唑锌悬浮剂	100~150毫升/亩	喷雾
青枯病	0.1亿CFU/克多黏类芽孢杆菌细粒剂	300倍液	浸种
	0.1亿CFU/克多黏类芽孢杆菌细粒剂	0.3克/平方米	苗床泼浇
	0.1亿CFU/克多黏类芽孢杆菌细粒剂	1 050~1 400克/亩	灌根
疮痂病	20%锰锌·拌种灵可湿性粉剂	100~150克/亩	喷雾
	46%氢氧化铜水分散粒剂	30~45克/亩	喷雾
茶黄螨	43%联苯肼酯悬浮剂	20~30毫升/亩	喷雾
红蜘蛛	0.5%藜芦碱可溶液剂	600~800倍液	喷雾
蚜虫	10%溴氰虫酰胺悬乳剂	30~40毫升/亩	喷雾
	14%氯虫·高氯氟微囊悬浮剂	15~20毫升/亩	喷雾
	1.5%苦参碱可溶液剂	30~40毫升/亩	喷雾
烟粉虱	10%溴氰虫酰胺悬乳剂	40~50毫升/亩	喷雾
	19%溴氰虫酰胺悬浮剂	4.1~5.0毫升/平方米	苗床喷淋
	75克/升阿维菌素·双丙环虫酯可分散液剂	45~53毫升/亩	喷雾
	50克/升双丙环虫酯可分散液剂	55~65毫升/亩	喷雾
	22%螺虫·噻虫啉悬浮剂	30~40毫升/亩	喷雾
白粉虱	10%溴氰虫酰胺悬乳剂	50~60毫升/亩	喷雾
	22%噻虫·高氯氟微囊悬浮剂	5~10毫升/亩	喷雾
	22%联苯·噻虫嗪悬浮剂	20~40毫升/亩	喷雾

防治对象	产品名称	使用剂量	使用方法
蓟马	10%溴氰虫酰胺悬乳剂	40～50毫升/亩	喷雾
	19%溴氰虫酰胺悬浮剂	3.8～4.7毫升/平方米	苗床喷淋
	150亿孢子/克球孢白僵菌可湿性粉剂	160～200克/亩	喷雾
	21%噻虫嗪悬浮剂	10～18毫升/亩	喷雾
棉铃虫	10%溴氰虫酰胺悬乳剂	10～30毫升/亩	喷雾
	5%氯虫苯甲酰胺悬浮剂	30～60毫升/亩	喷雾
甜菜夜蛾	19%溴氰虫酰胺悬浮剂	2.4～2.9毫升/平方米	苗床喷淋
	1%苦皮藤素水乳剂	90～120毫升/亩	喷雾
	30亿PIB/毫升 甜菜夜蛾核型多角体病毒悬浮剂	20～30毫升/亩	喷雾
	300亿PIB/毫升 甜菜夜蛾核型多角体病毒水分散粒剂	2～5克/亩	喷雾
	5%氯虫苯甲酰胺悬浮剂	30～60毫升/亩	喷雾
烟青虫	3%甲氨基阿维菌素苯甲酸盐微乳剂	3～7毫升/亩	喷雾
	4.5%高效氯氰菊酯乳油	35～50毫升/亩	喷雾
	14%氯虫·高氯氟微囊悬浮剂	15～20毫升/亩	喷雾
	2%甲氨基阿维菌素苯甲酸盐微乳剂	5～10毫升/亩	喷雾
	32000IU/毫克苏云金杆菌可湿性粉剂	50～75克/亩	喷雾
	16001IU/毫克苏云金杆菌可湿性粉剂	100～150克/亩	喷雾
	600亿PIB/克棉铃虫核型多角体病毒水分散粒剂	2～4克/亩	喷雾

防治对象	产品名称	使用剂量	使用方法
调节生长	1.2%吲哚丁酸水剂	1 200~2 000倍液	喷雾
	0.04%芸苔素内酯水剂	6 667~13 333倍液	喷雾
	0.04%24-表芸苔素内酯可溶液剂	7 000~10 000倍液	喷雾
	0.04%14-羟基芸苔素甾醇水剂	6 500~13 000倍液	喷雾
	4%苄氨·赤霉酸可溶液剂	2 000~3 000倍液	喷雾
	0.2%噻苯隆可溶液剂	15~25毫升/升	喷雾
	3%超敏蛋白微粒剂	500~1 000倍液	喷雾
	0.003%丙酰芸苔素内酯水剂	2 000~3 000倍液	喷雾
一年生杂草	480克/升氟乐灵乳油	100~150毫升/亩	土壤喷雾
一年生禾本科杂草及部分阔叶杂草	48%仲丁灵乳油	150~250毫升/亩	喷雾

附录 3 禁用、限用农药名录（最新版）

　　《农药管理条例》规定，农药生产应取得农药登记证和生产许可证，农药经营应取得经营许可证，农药使用应按照标签规定的使用范围、安全间隔期用药，不得超范围用药。剧毒、高毒农药不得用于防治卫生害虫，不得用于蔬菜、瓜果、茶叶、菌类、中草药材的生产，不得用于水生植物的病虫害防治。

一、禁止（停止）使用的农药（46 种）

六六六、滴滴涕、毒杀芬、二溴氯丙烷、杀虫脒、二溴乙烷、除草醚、艾氏剂、狄氏剂、汞制剂、砷类、铅类、敌枯双、氟乙酰胺、甘氟、毒鼠强、氟乙酸钠、毒鼠硅、甲胺磷、对硫磷、甲基对硫磷、久效磷、磷胺、苯线磷、地虫硫磷、甲基硫环磷、磷化钙、磷化镁、磷化锌、硫线磷、蝇毒磷、治螟磷、特丁硫磷、氯磺隆、胺苯磺隆、甲磺隆、福美胂、福美甲胂、三氯杀螨醇、林丹、硫丹、溴甲烷、氟虫胺、杀扑磷、百草枯、2,4-滴丁酯

注：2,4-滴丁酯自 2023 年 1 月 29 日起禁止使用。溴甲烷可用于"检疫熏蒸处理"。杀扑磷已无制剂登记。

二、在部分范围禁止使用的农药（20 种）

通用名	禁止使用范围
甲拌磷、甲基异柳磷、克百威、水胺硫磷、氧乐果、灭多威、涕灭威、灭线磷	禁止在蔬菜、瓜果、茶叶、菌类、中草药材上使用，禁止用于防治卫生害虫，禁止用于水生植物的病虫害防治
甲拌磷、甲基异柳磷、克百威	禁止在甘蔗作物上使用
内吸磷、硫环磷、氯唑磷	禁止在蔬菜、瓜果、茶叶、中草药材上使用

续表

通用名	禁止使用范围
乙酰甲胺磷、丁硫克百威、乐果	禁止在蔬菜、瓜果、茶叶、菌类和中草药材上使用
毒死蜱、三唑磷	禁止在蔬菜上使用
丁酰肼（比久）	禁止在花生上使用
氰戊菊酯	禁止在茶叶上使用
氟虫腈	禁止在所有农作物上使用（玉米等部分旱田种子包衣除外）
氟苯虫酰胺	禁止在水稻上使用